LES CLIMATS AFRICAINS

L'ISTHME DE SUEZ

PAR

F. SALÉMI

Docteur en médecine et Chirurgien à Nice

Ex-chef de circonscription à l'Isthme de Suez

Chevalier de la Légion d'Honneur, de l'Ordre de François-Joseph

et de la Couronne d'Italie.

NICE

TYPOGRAPHIE & LITOGRAPHIE ROBAUDI FRÈRES

Descente Crotti, 6 et Place Saint-Dominique, 2

1892

L'ISTHME DE SUEZ

PAR

F. SALÉMI

Docteur en médecine et Chirurgien à Nice

Ex-chef de circonscription à l'Isthme de Suez

Chevalier de la Légion d'Honneur, de l'Ordre de François-Joseph

et de la Couronne d'Italie.

NICE

TYPOGRAPHIE & LITOGRAPHIE ROBAUDI FRÈRES

Descente Crotti, 6. et Place Saint-Dominique, 2

1892

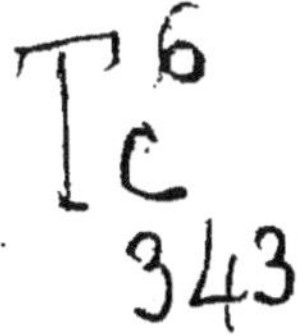

INTRODUCTION

Médecin ordinaire, puis chef de circonscription médicale attaché aux travaux de percement de l'isthme de Suez, j'ai pu, pendant mes dix ans de séjour consécutif sous la tente ou dans les villes d'Egypte, faire de nombreuses observations que j'ai résumées dans un article du " Guide aux villes d'eaux et bains de mer " du docteur Macé.

Sur les instances de mes amis, je publie en brochure ces observations qui serviront aux voyageurs et intéresseront, je l'espère, les curieux de contrées souvent décrites mais peu connues dans leur intimité même.

Dr. F. Salémi.

Nice, Juin 1892.

ISTHME DE SUEZ

ES renseignements sur le climat de l'Isthme de Suez, sont tous basés sur l'expérience que j'ai acquise depuis le commencement des travaux jusqu'à sa fin.

L'Isthme de Suez est une langue de terre de 162 kilomètres, ayant sa direction du Nord au Sud, située entre le 30° 15' de longitude Orientale (mérid. de Paris) et le 30° 35' de latitude Septentrionale. Sur son étendue on remarque les lacs *Menzaleh*, *Timsah* et les lacs amers.

Dans la coupe géologique du Canal on a rencontré en abondance : du sable, du sel, de la vase, puis de l'argile, quelques pierres calcaires, du plâtre, de l'argile gypseuse ; le sable couvre la surface du désert.

Le point le plus culminant du sol c'est le Seuil d'El-Guisr, mesurant 34 mètres 68 ; il se trouve presqu'au centre de l'Isthme.

Les OBSERVATIONS MÉTÉOROLOGIQUES faites par chacun de nous dans sa circonscription pendant l'espace de *dix ans*, nous ont donné les résultats suivants :

Le thermomètre maximum marque 40° 09 en Juillet et Août ; minimun 2° en Décembre et Janvier ; il est bien rarement à zéro ; la moyenne est 21° 7. Dans un cas exceptionnel, sous l'influence du *Hamsim*, j'observai en 1864 qu'il monta à 48° ; de même qu'en Décembre 1863 il descendit à 2° au-dessous de zéro ; à la suite de cet abaissement dans la température nous trouvâmes de la grêle à Toussoum et à Ghebel-Marianne.

C'est de 3 à 4 heures du matin que la température est à son minimum, mais aussitôt que le soleil se montre à l'horizon, la chaleur s'élève de 5 à 10 degrés.

L'humidité atmosphérique est très faible dans le centre, à partir d'*El-Ferdane* jusqu'à *Ghebel-Géneffé*.

A Suez, l'hygromètre oscille entre 15 et 26 degrés au printemps, et entre 60 à 63 degrés du 15 Août à fin Septembre, époque où le nilomètre touche à son maximum. A ce moment les eaux du fleuve sont répandues dans toutes les campagnes de la Basse-Egypte ; elles forment par leur évaporation, d'épais brouillards qui s'étendent sur l'Isthme après minuit et qui se dispersent avec l'apparition du soleil.

A Port-Saïd, l'humidité est excessive : de 50 à 90 degrés. Cette ville se trouve au bord de la mer, bâtie sur le lac *Menzaleh* qui l'entoure.

La pression atmosphérique est à Suez de 757' 25 à 763' 52 ; elle s'affaiblit à Ismaïlia, où elle est de 750 à 760, pour remonter à Port-Saïd, de 759 à 769.

La lumière, par sa réflexion sur les sables blanchâtres est partout très vive.

La présence de l'électricité est très-remarquée à Port-Saïd par les temps d'orage et au centre et à Suez par les vents du Sud qui, en traversant avec rapidité les sables brûlants du Sahara, se chargent d'une tension électrique considérable, au point que les nuits sont sillonnées d'éclairs, et que, souvent, on voit dans l'obscurité, des étincelles s'échapper de la peau des chats.

L'ozone, très-inconstant, est à Port-Saïd de 6 à 8 degrés, à Ismaïlia de 7 à 10°, à Suez de 5 à 7°. Son maximum coïncide avec les vents du Sud.

Les vents régnants sont ceux du Nord et du Nord-Ouest ; le premier dure, pour ainsi dire, pendant tout l'été ; il commence de 9 à 10 heures du matin pour cesser de 4 h. 1/2 à 5 h. 1/2 du soir. Grâce à lui, l'on peut supporter les moments les plus chauds de la journée : de midi à 3 heures. Dans les autres saisons, les vents sont variables ; il font presque le tour de la boussole, leur direction ne variant pas beaucoup de celle des autres vents qui dominent dans le reste de l'Egypte.

Au printemps, souffle parfois un vent redoutable qui mérite d'être signalé ; celui qui a habité l'Egypte ne l'oubliera jamais ; je veux parler du *Hamsim*, ainsi nommé parce qu'il paraît dans une période de 50 jours, à partir des premiers jours d'Avril. Venant du Sud, il traverse l'immense désert du Sahara et c'est en passant sur les couches de sable, qu'il se charge d'électricité, de chaleur et de poussière. Il paralyse en quelque sorte le commerce, et les indigènes que le besoin urgent ne

force pas au travail, se renferment chez eux
pour ne pas en ressentir les atteintes.

Les caravanes s'arrêtent dans leur marche et
tout semble devoir fuir et s'anéantir devant ce
fléau destructeur. Sous l'influence du *Hamsim*,
le thermomètre monte en quelques heures de
10 degrés et plus. Des nuées de poussière brûlante, étouffante, sillonnent l'air en tous sens,
la respiration devient très difficile et l'on
éprouve souvent un malaise général, indéfinis-
sable.

Mais hâtons-nous de dire que ce vent est de
courte durée dans l'Isthme ; le maximun de
sa présence est de trois jours.

Les vents sont généralement plus forts dans
le désert, étant donnée la différence de température que l'air y rencontre. J'ai pu constater
souvent ce phénomène, lorsque, renfermé chez
moi, afin de me soustraire à la chaleur du
Hamsim, j'ouvrais une fenêtre à deux battants ;
je la voyais se refermer aussitôt avec violence.

Dans le désert, l'air y est pur ; cette pureté
il la doit au vent du Nord qui, en le traversant, perd un peu de sa fraîcheur, mais aban-
donne l'humidité, devient sec, et se dépouille
des miasmes. de l'ozone et de la poussière.

Il y a quatre saisons très distinctes corres-
pondant aux quatre phases du Nil. Le Printemps et l'Automne se composent de deux mois
chacun.

Le Printemps commence à la fin de Mars
pour finir les derniers jours de Mai, époque
des premières pluies torrentielles à la source
du Nil. Cette saison est remarquable par l'in-
constance des vents du Sud-Ouest, et par les
oscillations thermomètriques.

L'Automne débute vers la fin Septembre,
phase de décroissance du grand fleuve égyptien ;
il est caractérisé par d'épais brouillards.

L'hiver et l'été sont de quatre mois chacun.
Pendant l'hiver on rencontre de belles et déli-
cieuses journées au centre du désert, l'air y
est pur, tonique et calmant, les pluies sont
très rares et passagères.

A Port-Saïd, au contraire, la pluie et l'humidité sont fréquentes ; l'on y remarque même
en hiver, une rigueur de température se rap-
prochant de celle de l'Europe.

Suez tient le milieu du Centre et du Nord de
l'Isthme. La pluie y tombe quelquefois, presque toujours précédée de rafales de vent, avec
de nombreux tourbillons de poussière.

L'été est très-chaud au Centre et à Suez ; la chaleur est néanmoins atténuée par le vent des régions froides, véritable bienfaiteur de ces contrées soumises aux rigueurs de ce climat brûlant. C'est dans cette saison que se produit le mirage, si bien décrit la première fois par Monge en 1797, phénomène merveilleux et bizarre, présentant à nos yeux des châteaux gigantesques, des lacs immenses, des forêts qui disparaissent au fur et à mesure que l'on s'en approche.

La saison morbide, ainsi qu'à juste titre l'appelle Larrey, commence au printemps. Les changements atmosphériques, les miasmes, les effluves et la poussière transportée par certains vents, l'électricité, les écarts dans la manière de vivre, sont les principales causes de diverses maladies. A cette époque les digestions sont plus ou moins difficiles, la sécrétion biliaire devient plus épaisse et plus abondante, le système nerveux est surexcité, les diarrhées, les hépatites, les bronchites et les ophthalmies font leur apparition.

Par des temps d'orage et de *Hamsim*, j'ai pu constater, plus d'une fois, que l'électricité a une puissance très-marquée sur la santé

comme l'a affirmé M. Rochard (*) — « L'élec-
« tricité, dit-il, surexcite à l'excès les constitu-
« tions nerveuses ; elle amène une recrudes-
« cence presque constante dans la marche des
« épidémies et aggrave l'état individuel de
« toutes les maladies ; elle fait souvent naître
« des complications sérieuses et en accélère,
« parfois, la terminaison funeste » —

Heureusement que l'on compte peu de malades dans l'Isthme ; la preuve en est dans le
relevé de la statistique des décès qui s'élèvent
à peine au nombre de celui de la Grèce et de
l'Italie, qui est de 1 sur 30.

Les observations météorologiques nous ont
fait connaître que le climat de l'Isthme est
partagé en 3 zones différentes que nous appe-
lons.

1. *Climat très-humide* : Port Saïd.
2. *Climat sec* : Kantara, El-Ferdane, Sérapeum, Géneffé, Suez.
3. *Climat mixte* : Ismaïlia, parce qu'il tient le
   milieu des deux qui précèdent.

Les expériences nous ont démontré, que les

(*) Voir dictionnaire de Jaccoud, vol. 8ᵉ

indigènes de l'Isthme sont préservés de la tuberculose et que les européens y sont moins sujets que dans leur pays natal.

Les tuberculeux à divers degrés venus dans l'Isthme pour améliorer leur santé ont prouvé que la puissance du climat, enrayait les prédispositions à une semblable maladie, en combattait les symptômes, et en arrêtait la marche au premier degré. Si le second et le troisième degré n'ont pas obtenu le même succès, les malades ont vu, néanmoins, se prolonger leur existence

Je pourrais citer un grand nombre de phthisiques venus à l'Isthme avec des hémoptysies qui ont cessé peu après l'arrivée des malades dans cette contrée. Nul doute pour moi que le climat n'ait contribué à prolonger leur existence.

Les stations les plus favorables pour les affections de poitrine sont celles que nous avons dit appartenir au climat sec : Kantara, El-Ferdane, Toussoum, Sérapeum, Geneffé, Suez.

Le climat mixte est réservé aux constitutions délicates, lymphatiques et scrofuleuses ; celui de Port Saïd, aux personnes nerveuses et à celles atteintes d'affections abdominales.

A mesure que l'on s'habitue à la chaleur on
redoute d'avantage l'impression du froid Pour
maintenir donc les fonctions de la peau, il est
hygiénique de porter de la flanelle ainsi que
des vêtements en laine légère, dans lesquels
on doit se sentir parfaitement à l'aise, afin de
permettre à l'air de circuler librement.

Il est prudent de ne point s'exposer à la
brûlante température de la journée, ni à celle
plus froide du matin ; de même qu'il est très
indiqué de passer la plupart de son temps sous
une tente, au grand air.

Les aliments préférables sont les légers et
nourrissants ; on peut boire avec avantage du
café, de l'eau additionnée de quelques gouttes
de cognac.

A l'époque du *Hamsim*, Port Saïd est plus
agréable comme résidence ; on n'y éprouve
point les désagréments, parfois si nuisibles de
la chaleur et de la poussière. Dans la première
quinzaine du mois de mai il est urgent de
quitter l'Egypte pour n'y rentrer que dans la
dernière quinzaine de septembre, ou même
dans les premiers jours d'octobre.

———— ✳ ————

NICE — TYP. ET LITH. ROBAUDI FRÈRES — NICE

Place Saint-Dominique, 2, et Descente Crotti. 6

87